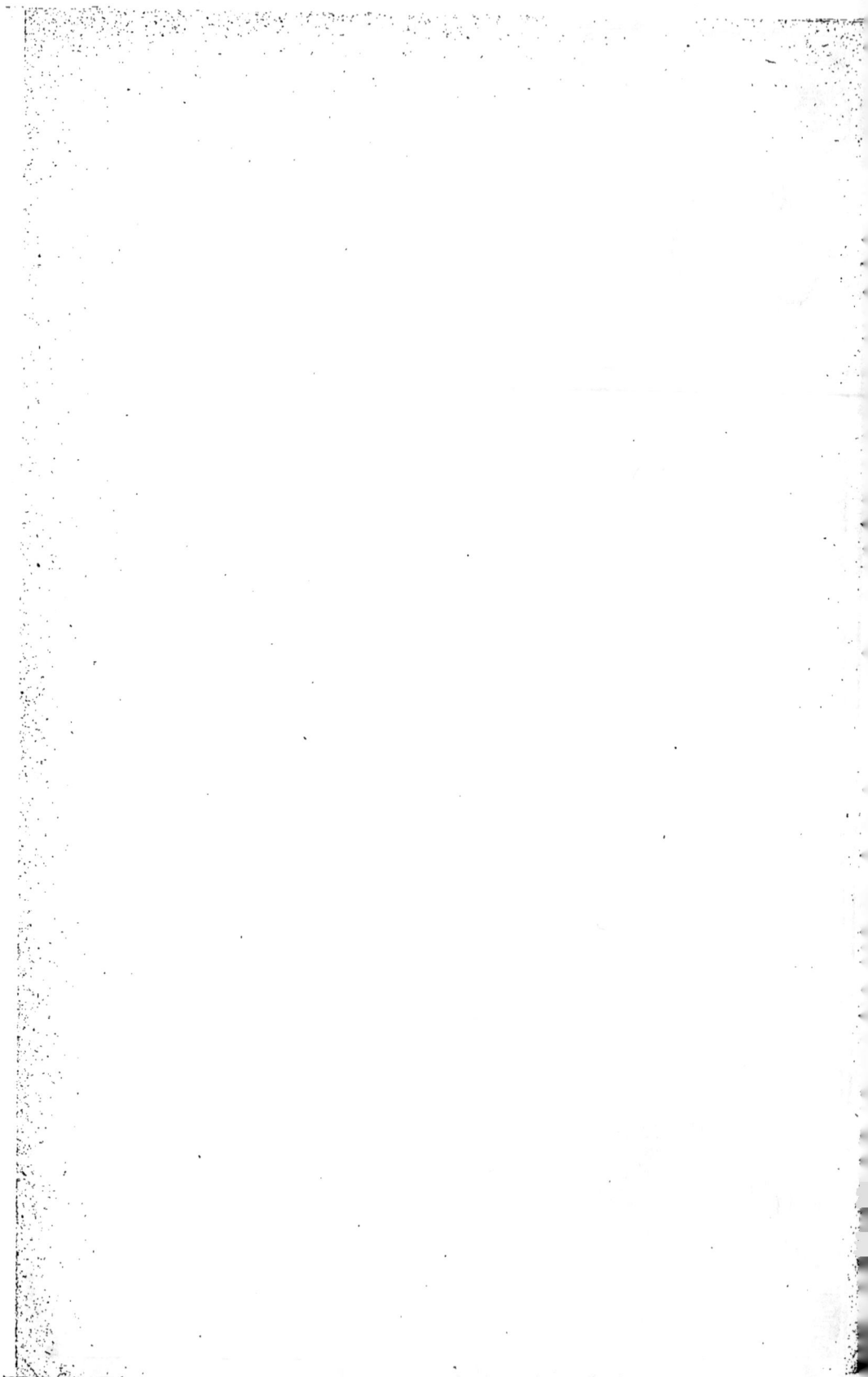

MANDIBULE

DU

SQUELETTE CHELLÉO-MOUSTÉRIEN

DE LA

FEMME DU MOUSTIER-DE-PEYZAC

(DORDOGNE)

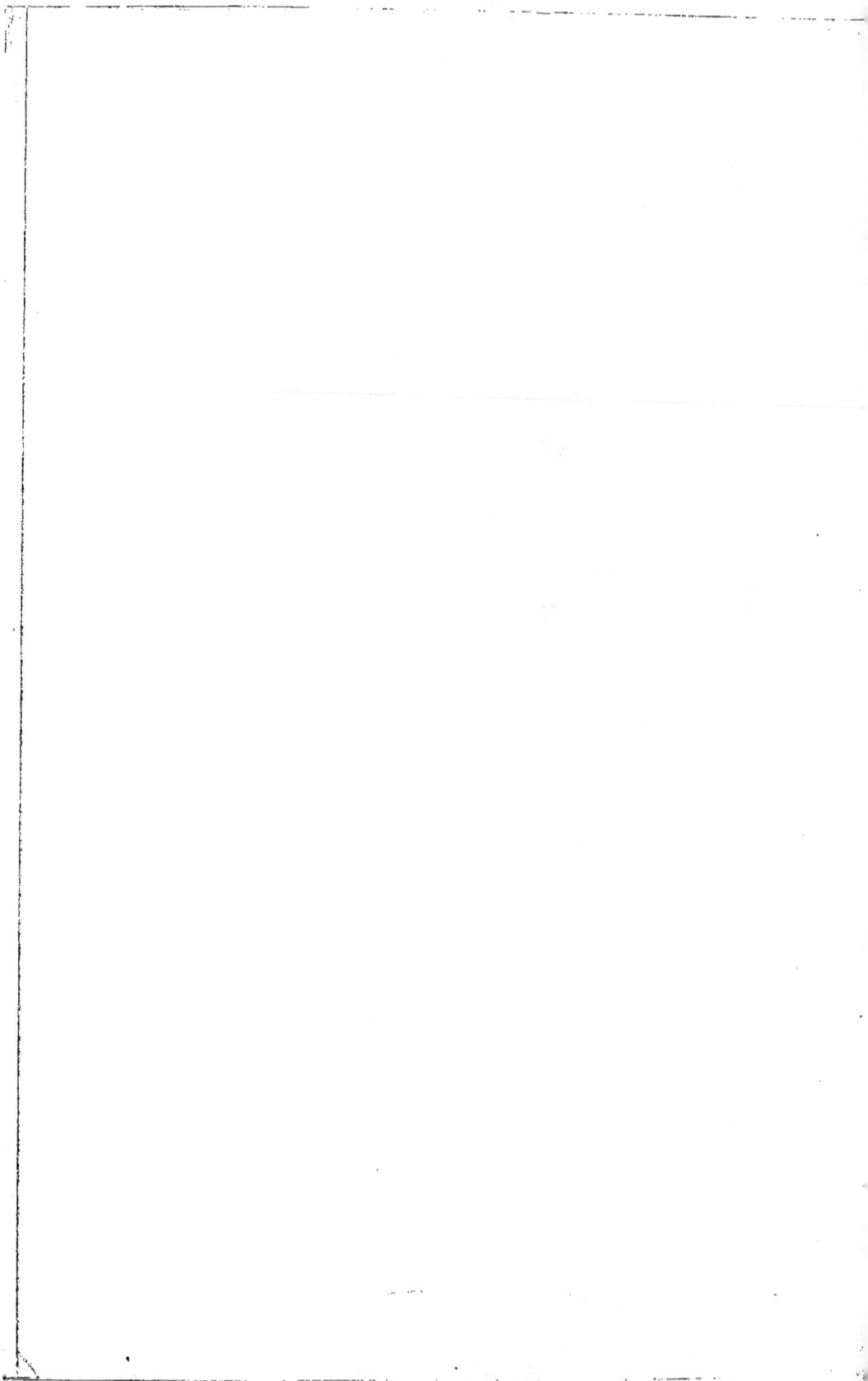

Sixième Congrès préhistorique de France,
Session de Tours. — 1910.

MANDIBULE
DU
SQUELETTE CHELLÉO-MOUSTÉRIEN
DE LA
FEMME DU MOUSTIER-DE-PEYZAC
(DORDOGNE)

PAR

Émile RIVIÈRE (de Paris),

Ancien Interne en Médecine,
Directeur à l'École des Hautes-Études au Collège de France,
Président-Fondateur de la Société Préhistorique de France,
Président d'honneur du Congrès Préhistorique de Tours.

Depuis ma communication de l'année dernière (25 mars 1909), à la Société préhistorique, j'aurais voulu donner une étude complète du squelette chelléo-moustérien de la femme du Moustier, dont je vous avais présenté, ce jour-là, la tête encore engagée dans le sol, c'est-à-dire dans le bloc extrait du foyer de l'abri-sous-roche inférieur où elle avait été trouvée avec tout le reste du squelette. Des circonstances absolument indépendantes de ma volonté ne me l'ont pas permis. Aujourd'hui même, je ne peux encore faire connaître que les chiffres que les mensurations de sa mandibule m'ont donnés.

D'aucuns, par suite, ont cru que j'avais renoncé à cette étude, confessant ainsi tacitement l'erreur que j'aurais commise, selon eux, en déclarant et soutenant que mon squelette humain du Moustier était paléolithique. Qu'ils se rassurent, le démenti formel que j'ai donné, dès la première heure, aux faux tuyaux invoqués pour détruire l'antiquité dudit squelette, pour en faire un squelette tout au plus néolithique, sinon même moderne, je le maintiens non moins énergiquement que l'an dernier.

De même que, pendant trente ans, des esprits jaloux, voire même haineux parfois, soutinrent, *contre toute évidence*, que les six squelettes humains d'adultes et d'enfants, entiers ou non, que j'avais eu la *mauvaise* fortune de découvrir de 1872 à 1875 en Italie, dans les grottes des Baoussé-Roussé dites grottes de Menton, — mauvaise pour moi, mais bonne pour la science, s'il m'est permis d'en avoir l'orgueil — que ces squelettes, dis-je, appartenaient tous à l'époque *néolithique ;*

De même que, dans leur jalousie professionnelle, ils parlaient, sans jamais avoir cherché à se rendre compte personnellement du milieu dans lequel lesdits squelettes avaient été trouvés, soutenant, *contre toute vérité*, que mes fouilles avaient été faites sans méthode, au petit bonheur, quelques-uns même après avoir déclaré hautement tout d'abord le contraire, se donnant ainsi à eux-même un démenti, ainsi que je fus obligé, à un moment donné, de le leur rappeler publiquement (1) ;

De même, que pendant ces trente années, je soutins énergiquement, fort de mon bon droit, conscient du soin avec lequel j'avais toujours conduit l'exploration des Baoussé-Roussé, moi-même la pioche en mains ainsi que mes ouvriers, je soutins, dis-je, énergiquement et sans céder un seul jour, l'antiquité absolument *paléo lithique* de ces squelettes ;

J'y fus encouragé d'ailleurs par l'accueil plus que bienveillant fait à mes travaux par l'Académie des Sciences qui, à quatre reprises successives, voulut bien me faire le grand honneur de leur décerner ses plus hautes récompenses ; l'Académie des Sciences enfin qui, en me proclamant, il y a moins de deux ans (décembre 1908), *lauréat pour la cinquième fois*, me fit l'honneur aussi, par la voix de M. Lacroix, rapporteur du prix Saintour, de déclarer que j'avais eu le mérite *de lutter courageusement pour la défense de mon opinion et de la faire triompher*, non seulement touchant *l'an-*

---

(1) ÉMILE RIVIÈRE. — *Sur l'âge des squelettes humains des Grottes des Baoussé-Roussé, en Italie, dites Grottes de Menton*. (Association française pour l'Avancement des Sciences. — Congrès de Pau, année 1892, deuxième partie, pages 347-358.)

tiquité des gisements des Baoussé-Roussé et l'âge de leurs squelettes humains, mais aussi en ce qui concerne *les gravures des parois de la Grotte de La Mouthe (Dordogne), dont la découverte avait été aussi violemment attaquée et contredite* (1).

De même aussi, donc, je maintiens et persiste à maintenir non moins énergiquement *l'ancienneté chelléo-moustérienne de la femme du Moustier*, absolument décidé à lutter non moins fermement aussi, je le répète, que pour mes précédentes découvertes, quels que soient les adversaires que j'ai rencontrés depuis deux ans et ceux que je pourrai rencontrer encore, tant qu'ils n'auront pas démontré d'une façon scientifique *irréfutable* que je me suis trompé.

Ceci dit, je tiens à faire connaître, dès maintenant, les résultats de l'étude que je viens de faire au laboratoire des Hautes-Études de mon ami et collègue de la Société d'Anthropologie de Paris, le Docteur Manouvrier, directeur de ce laboratoire et professeur à l'École d'Anthropologie, dans son laboratoire, dis-je, et avec son aimable concours.

Les mensurations de la mandibule, dont je donne ici le dessin ainsi que celui du crâne (Planches I et II), d'après les photographies qu'a bien voulu en faire le Président actuel de la *Société Préhistorique de France*, mon ami le docteur Henri Martin, ces mensurations ont été prises, toutes sans exception, par M. Manouvrier.

Si contraires qu'elles soient, au point de vue anthropologique, mais à ce point de vue *seul*, — et je m'en expliquerai tout à l'heure — à la thèse de l'ancienneté, que je soutiens, du squelette auquel cette mandibule appartient ; si favorables en apparence, par contre, qu'elles puissent être à mes adversaires, je n'en dois pas moins les faire connaître.

D'aucuns penseront peut-être, par suite, que ma communication d'aujourd'hui devient inutile. Je considère, au contraire, comme un devoir de simple loyauté, un devoir de probité scientifique, de déclarer que les résultats de ces mensurations, c'est-à-dire les chiffres qu'elles nous ont donnés, sont ceux de *la mandibule d'un sujet néolithique* et, pour dire toute la pensée — je ne crains pas de le répéter, quelque argument qu'on en tire contre moi — de mon ami Manouvrier, telle qu'il me l'a formulée verbalement, puis par écrit: la mandibule est de « *type absolument moderne, c'est-à-dire des temps néolithiques les plus reculés jusqu'à nos jours* ». M. Manouvrier ajoute cependant, dans sa lettre (2): « *je n'en conclus rien*

(1) Comptes-rendus de l'Académie des Sciences. — Proclamation des prix du concours de l'année 1908.
(2) Elle est du 18 août 1910.

ÉMILE RIVIÈRE.

pour mon compte, mais je crois que de fortes réserves tout au moins s'imposent ».

Voici, d'ailleurs, les chiffres résultant de ces mensurations, tels qu'ils sont écrits de sa propre main :

MANDIBULE DU SQUELETTE DE LA FEMME DE L'ABRI INFÉRIEUR DU MOUSTIER DIT ABRI-SOUS-ROCHE BOURGÈS (DORDOGNE).

Longueur totale antéro-postérieure........... 100 millim.
Largeur bicondylienne.... 117   »
Largeur bigoniaque........................ 100   »
Largeur mentonnière......................, 46,5   »
Hauteur symphysienne..................... 28   »
Hauteur malaire........................... 26   »
Longueur de la branche.................... 58   »
Largeur   »   31   »
Distance condylo-coronoïdienne............. 33,5   »

Angle symphysien......................... 63 degrés.
Angle mandibulaire....................... 126   »

Sexe ♀.

Quant au sexe, il est bien confirmé *féminin*, ainsi que l'indique le signe ci-dessus, comme je l'avais aussi déterminé et signalé dès le premier jour.

Mais si, de par ces chiffres, le squelette offre des caractères néolithiques, par contre, de par son gisement, de par le milieu *non remanié* dans lequel il a été trouvé, de par la faune et par l'industrie du silex de ce même milieu, enfin de par la découverte (1), dans le même abri, dans le même milieu et dans un voisinage des plus proches — *six mètres environ de distance* — d'un autre squelette humain, un *squelette d'homme*, par M. Hauser, mon *squelette de femme* est bien de la même époque préhistorique et géologique que celui-là, c'est-à-dire *chelléo-moustérien*.

La faune : *Rhinoceros tichorhinus* et *Tarandus rangifer*, et l'industrie du silex *exclusivement chelléo-moustérienne* sont, en effet, absolument les mêmes, je le répète.

Certes les caractères anthropologiques sont *tout à fait différents* d'un squelette à l'autre. Mais cela est-il suffisant pour reconnaître l'un comme *paléolithique ancien* et classer l'autre dans le groupe des *néolithiques*, sinon même parmi les *modernes*?

(1) Au mois d'avril 1908.

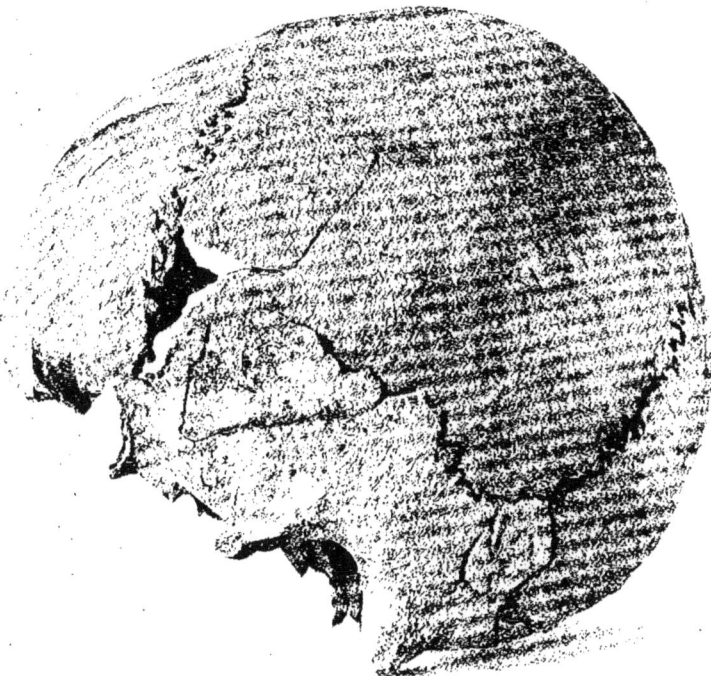

Fig. 1. — Crâne de la Femme chelléo-moustérienne du Moustier (Dordogne), vu de profil ;
côté gauche (2/3 gr. nat.).

Fig. 2. — Son maxillaire supérieur gauche, vu de profil, adhérant encore
à la terre du foyer (2/3 gr. nat.).

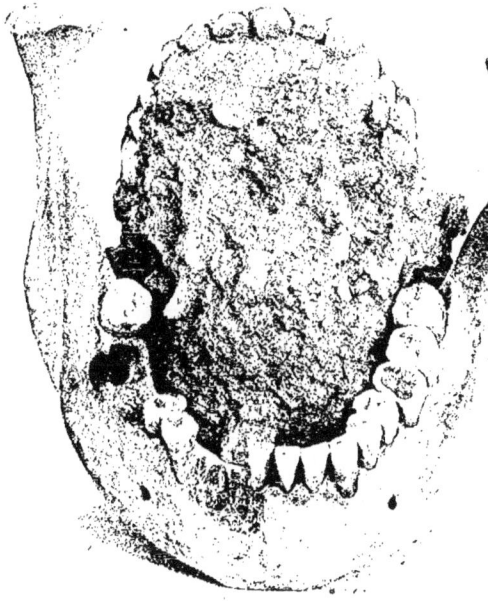

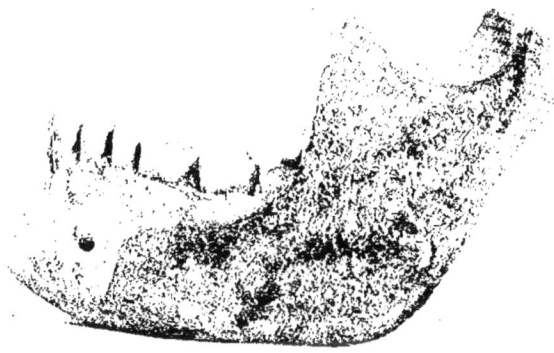

Fig. 3. — Les deux mâchoires, supérieure et inférieure, du Squelette chelléo-moustérien de la Femme du Moustier (Dordogne), vues de face avec le bloc du foyer leur adhérant (2/3 Gr. nat .

Fig. 4. — Le maxillaire inférieur ou mandibule dudit squelette, vu de profil, côté gauche; dégagé du bloc, (2/3 gr. nat.).

Je ne saurais l'admettre, estimant que d'autres preuves scientifiques sont absolument nécessaires.

Je ne suis heureusement pas seul d'ailleurs de mon opinion. Je rappellerai tout d'abord les paroles prononcées par notre Secrétaire général, le docteur Marcel Baudouin, dans la séance du 25 mars de l'année dernière de la *Société Préhistorique de France* :

« M. Marcel BAUDOUIN. — Je ne puis que répéter ce que j'ai dit précédemment, ici, au Congrès de Chambéry, à la Société d'Anthropologie de Paris et ailleurs : à savoir que ce squelette du Moustier, trouvé dans des *conditions de gisement* que j'ai pu constater de mes yeux dans l'Abri Bourgès, en présence de M. Émile Rivière, me paraît *authentique*, jusqu'à preuve du contraire, faite d'une façon *scientifique* (1) et non à l'aide de racontars de concierge, fussent-ils provinciaux ou parisiens !

« Aujourd'hui, je déclare, de plus, en présence des mâchoires présentées, englobées encore dans la terre du gisement (2), que j'y vois d'abord des maxillaires supérieurs d'aspect *plutôt paléolithique que néolithique*. Quoique la mâchoire inférieure ne soit pas comparable à celle du crâne de M. Hauser (correspondant à un *jeune homme*), elle présente cependant des *caractères anciens*, surtout en ce qui concerne ses dents. — Au demeurant, puisqu'il s'agit d'une *femme*, d'après M. Rivière (3), tout cela n'a rien d'étonnant. Et cette face, je la considère comme tout aussi précieuse, scientifiquement parlant, que celle de la Chapelle-aux-Saints (4), quoique elle se rapporte à une *femme*, et peut-être même pour cela, en ma qualité de célibataire ! En tout cas, *je demande formellement qu'elle entre dans nos Collections publiques* (5). Sur cette pièce, en effet,

(1) Comme je l'ai toujours demandé moi-même, mais aucun de ceux qui combattent cette authenticité n'a daigné se déranger : nier sans voir est chose bien plus commode.

(2) Elles y sont encore actuellement, aujourd'hui 22 août 1910, comme au premier jour, c'est-à-dire le jour de la découverte, ainsi qu'on peut le voir sur les planches I et II.

(3) Le sexe en a été confirmé par le Dr Manouvrier, ces jours derniers, ainsi que je le dis plus haut.

(4) Il s'agit, comme on le sait, du squelette de vieillard, moustérien, découvert en 1908, à la Bouffia de la Chapelle-aux-Saints (Corrèze), par MM. Bouyssonie et Bardon.

(5) Cela a toujours été et cela est encore actuellement, comme aux premiers jours, mon vœu le plus ardent ; c'est pourquoi je l'offris, comme on le sait, au Ministère de l'Instruction publique, au mois d'octobre 1908, pour le Muséum d'Histoire naturelle de Paris. Mais, devant le refus formel de reconnaître l'antiquité de mon squelette, sans même l'avoir examiné, je retirai mon offre, décidé absolument à le garder par devers moi, jusqu'au jour de cette reconnaissance *scientifiquement faite*. Décidé bien moins énergiquement à ne *jamais* le donner à l'Étranger, encore moins le lui céder, *quel que soit*, bien entendu, *le prix qu'on m'en voudrait offrir*, quoiqu'on en ait dit. *Le squelette humain chelléo-*

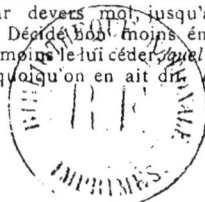

nous avons au moins la possibilité d'étudier des *grosses molaires*, qui manquent sur le crâne du vieillard édenté, acheté par le Muséum ; et ces dents seront certes aussi intéressantes à examiner que celles du crâne de M. Hauser, un peu trop jeunes pour une étude fructueuse.

« Voici donc, Messieurs, *la plus vieille Femme du Monde*! Elle n'en est pas moins belle, car elle a encore presque toutes ses dents. »

Après cette protestation formelle du Dr Marcel Baudouin, que je reproduis ici la première, d'abord parce qu'elle est la première en date (1), ensuite parce qu'elle est celle d'un compatriote, je me dois également de citer, textuellement aussi, la lettre par laquelle un savant belge bien connu, à la fois préhistorien et géologue, M. A. Rutot, Conservateur du Musée royal d'Histoire naturelle de Bru-

moustérien de l'*Abri inférieur du Moustier (Dordogne), dit Abri-Bourgès, trouvé dans un gisement français, restera Français et entrera dans un musée français,* — j'ai vraiment honte d'être obligé de rappeler ici ma lettre du 5 février 1909 au Ministère de l'Instruction publique — *ou il ne sera plus.* Je le briserais alors publiquement et j'en porterais ensuite les restes aux Catacombes de Paris ou dans un cimetière quelconque.

J'ajoute, puisque l'occasion s'en présente, que si *un seul* de mes six squelettes humains des Baoussé-Roussé se trouve au Muséum d'Histoire naturelle de Paris, — celui-là même qu'on dénomma, dès sa découverte, *l'Homme fossile de Menton,* — alors que je les lui avais *tous* offerts, en leur temps, par l'entremise du Ministère de l'Instruction publique, la responsabilité en appartient *tout entière,* elle en appartient *exclusivement* au Muséum lui-même, ou mieux à son directeur d'alors. Celui-ci, en effet, les refusa, sans avoir consulté un seul instant le professeur de la chaire d'Anthropologie, mon illustre maître A. de Quatrefages, — je le tiens de lui-même. — La lettre du Ministre de l'Instruction publique qui en fait foi et que j'ai heureusement conservée, comme d'ailleurs nombre d'autres pièces, est datée du 26 juin 1873. J'ai été maintes fois accusé, *contre toute vérité,* d'avoir proposé et cédé lesdits squelettes, soit à la fin de l'année 1875, soit au commencement de 1876, à l'Institut catholique de Paris. Ils lui ont été vendus à cette époque, en effet, et le fait est parfaitement exact, mais ils l'ont été, *à mon insu,* par le naturaliste chez qui je les avais déposés, à la suite de l'Exposition de la Société de Géographie de Paris, au jardin des Tuileries, en 1875, où ils avaient figuré, le naturaliste chez qui, dis-je, je les avais déposés en garantie de la somme qu'il m'avait avancée pour les extraire des Baoussé-Roussé, où je les avais trouvés, et du transporter à Paris. Ils ont été vendus *à mon insu,* je le répète, pour une somme que j'ignore encore à l'heure actuelle. Et c'est tout à fait par hasard que j'apprenais cette vente quelques mois plus tard, c'est-à-dire certain jour du mois de *mai 1876,* de la bouche du marquis de Vibraye, le préhistorien bien connu, et du comte de Ponton d'Amécourt, dans la visite qu'ils venaient me faire pour me demander d'entrer à *la Société française de Numismatique et d'Archéologie* et m'offrir la présidence, alors vacante dans son sein, de la section d'archéologie préhistorique. Tout ceci soit dit, aujourd'hui pour la première fois et une fois pour toutes, en réponse aux accusations, pour lesquelles je m'étais borné, jusqu'à ce jour, à professer le plus profond mépris, mais dont la persistance m'oblige à rompre le silence par un formel démenti, *pièces en mains.*

(1) *Bulletin de la Société préhistorique de France,* tome VI, pages 143-144, année 1909.

xelles, dont on ne saurait contester non plus la haute compétence, a tenu à confirmer à son tour l'antiquité de mon squelette du Moustier.

C'est à la suite de l'étude qu'il venait de faire *sur place* — c'est-à-dire au Moustier même, — du gisement où les deux squelettes humains, le jeune homme de M. Hauser et ma femme adulte, ont été découverts, qu'il m'a écrit, le 4 septembre de cette année (1), la lettre dont j'extrais les passages suivants :

Mon cher Monsieur Rivière,

« Je crois vous avoir dit, à Tours, que je comptais me rendre dans la Vézère, après le Congrès, et que ainsi, j'aurais l'occasion de visiter l'emplacement de votre découverte du Moustier et de celle de M. Hauser.

« C'est ce que j'ai fait.

« Il résulte de cet examen sur place, que les découvertes ont été faites dans l'abri inférieur, à six mètres de distance environ, *dans la même couche*, et, dès lors, je ne vois aucune bonne raison d'admettre l'un des squelettes comme authentique, alors que l'on rebute l'autre.

« Le squelette de M. Hauser étant considéré comme authentique, je ne puis faire autrement que d'accepter le vôtre et, comme je vous l'ai dit, l'argument d'une face *non* néanderthaloïde (2) est sans aucune valeur, attendu que, comme le montrent les crânes de Grenelle, il existait déjà, à *l'époque chelléenne*, des gens à faciès de Galley-Hill, des pré-Cro-Magnon et des brachycéphales laponoïdes.

« Ce que vous m'avez dit du menton de votre squelette pourrait permettre de le rapporter au faciès de Galley-Hill. »

Ainsi donc, le Dr Marcel Baudouin, d'une part, et M. A. Rutot, de l'autre, veulent bien, le premier de nouveau, le second pour la première fois, mais tous deux *après avoir étudié sur place* le gisement de l'abri *inférieur* du Moustier dit *Abri-sous-roche Bourgès*, c'est-à-dire la couche où les deux squelettes humains (le jeune homme et la femme adulte) ont été découverts, ils veulent bien tous deux, dis-je, confirmer l'opinion que je soutiens depuis plusieurs années, c'est-à-dire *l'antiquité paléolithique*, l'antiquité chel-

(1) 4 septembre 1910.
(2) Si ce n'est le bourrelet sourcilier ou léger renflement de l'arcade orbitaire que j'ai signalé dans ma communication du 24 août 1908, au Congrès préhistorique de France. (Compte rendu de la session de Chambéry, page 137.)

léo-moustérienne de mon squelette, faune et industrie à l'appui, et, par suite, affirmer sa contemporanéité avec celui du jeune homme de M. Hauser, comme je le soutiens aussi depuis deux ans, soit depuis le jour où j'ai vu ce dernier encore en place, avant, par conséquent, son extraction du gisement où il reposait (août 1908).

Je ne peux donc qu'être heureux de l'appui scientifique ainsi donné à ma thèse par MM. Baudouin et Rutot et les en remercier tous les deux vivement ici et de nouveau, de même que je remercie, ici également et non moins sincèrement aussi, le Dr Manouvrier de ses mensurations. Bien que différant avec lui d'opinion, quant aux conclusions desdites mensurations, je ne lui suis pas moins qu'à mes deux Collègues du *Congrès préhistorique de Tours* reconnaissant du concours qu'il a bien voulu me prêter ces jours derniers.

M. A. RUTOT (Bruxelles). — Je suis heureux de voir M. Rivière venir nous donner des mensurations de la mâchoire inférieure de son squelette de l'abri Bourgès au Moustier, et d'en affirmer une fois de plus l'authenticité, bien discutée dans ces derniers temps.

Pour ce qui me concerne, d'après ce que je sais de la question, je suis entièrement disposé à admettre l'authenticité du squelette, car aucun scrupule anatomique ne me retient.

Mais il n'en est pas tout à fait de même pour M. Rivière, qui, après avoir affirmé l'authenticité, vient s'excuser de ce que le squelette ne montre que des *caractères néolithiques* au lieu de caractères primitifs et néanderthaloïdes qu'on voudrait exiger de lui, pour l'admettre comme pièce quaternaire.

Personnellement, je ne pense jamais à regarder d'abord si un crâne a un front développé et un menton, pour décider s'il peut être admis ou non dans le Quaternaire; c'est le gisement même qui dit tout le nécessaire, et si le gisement est nettement quaternaire, alors le crâne quel qu'il soit, est quaternaire.

Une application intéressante du procédé vient d'être faite par moi-même, relativement aux célèbres restes humains de Grenelle et de Clichy, qui avaient fait beaucoup de bruit lors de leur découverte en 1867-68, et qui, peu à peu, avaient été repoussés, à cause de leurs caractères élevés, parmi le fatras des crânes néolithiques.

J'ai démontré par une nouvelle étude, que les précieux matériaux de Grenelle et de Clichy ont été découverts en plein Quaternaire moyen, à un niveau correspondant exactement avec celui de l'industrie chelléenne.

Ces crânes et squelettes sont donc ainsi remis une bonne fois à leur vraie place, en plein Paléolithique inférieur, bien que pourvus de caractères *réputés* néolithiques.

Cela étant, je suis d'avis que M. Rivière n'a plus de raisons de chercher à plaider les circonstances atténuantes, et de s'excuser de ce que son crâne du Moustier, d'âge moustérien, montre un front et un menton.

Avant tout, le gisement, non remanié est Quaternaire, d'âge moustérien, donc le squelette est d'âge moustérien. Je compte du reste aller vérifier sur place cette question dans quelques jours (1).

M. le Dr M. Baudouin (Paris). — Je suis tout à fait de l'avis de M. Rutot. Un squelette *doit être daté* par la Géologie, et non par l'Anthropologie, quoi qu'on en dise.

S'il est démontré que le sol de l'Abri Bourgès n'a jamais été remanié, le squelette de cet abri est *Moustérien*, comme le squelette de M. Hauser. — S'il n'y a pas eu *remaniement* [ce que j'ignore, mais ce que M. Rivière *affirme*], il faut avaler la pilule! — D'ailleurs, qui nous dit que, dès l'époque moustérienne, des Brachycéphales, très civilisés déjà, n'étaient pas... inventés! — Nous avons encore bien des choses à découvrir et à apprendre...

M. Émile Rivière. — Je crois que je ne me suis pas bien fait comprendre de mon Collègue, M. Rutot.

Je ne cherche nullement à m'excuser des *caractères néolithiques* du crâne de mon squelette. Si j'ai considéré comme un devoir d'exposer loyalement l'opinion de M. Manouvrier, il ne s'en suit pas, il ne s'en suit nullement, que j'hésite, même le moindrement, à maintenir mon affirmation de *l'ancienneté paléolithique* du dit squelette.

Loin donc de plaider des circonstances atténuantes, je persiste *absolument* dans ma conviction de *l'âge chelléo-moustérien de ma femme du Moustier-de-Peyzac*. Son squelette, je le répète une fois de plus, est *absolument contemporain, géologiquement et archéologiquement parlant, de celui qui a été découvert dans le même gisement, l'Abri inférieur du Moustier, par M. Hauser, en 1908.*

----

(1) Aussitôt après le Congrès de Tours, je me suis rendu dans la Dordogne, et je suis allé au Moustier voir la station de l'abri inférieur. J'ai pu aisément constater que le squelette signalé par M. Rivière était situé à peu de distance et au même niveau que le squelette néanderthaloïde découvert par M. Hauser. Il ne me reste donc plus de doute sur l'authenticité et sur l'âge moustérien du squelette dont a parlé M. Rivière.

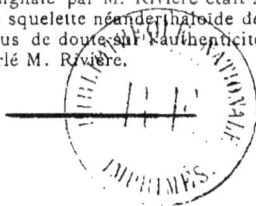

Le Mans. — Imp. Monnoyer. — 1911.

www.ingramcontent.com/pod-product-compliance
Lightning Source LLC
Chambersburg PA
CBHW060529200326
41520CB00017B/5184